Meike Herbers

Qualifikation der Service-Techniker bei der Deutschen Telekom

Arbeitsstudie

GRIN Verlag

Bibliografische Information der Deutschen Nationalbibliothek:

Die Deutsche Bibliothek verzeichnet diese Publikation in der Deutschen National-
bibliografie; detaillierte bibliografische Daten sind im Internet über http://dnb.d-
nb.de/ abrufbar.

Impressum:

Copyright © 2008 GRIN Verlag GmbH
Druck und Bindung: Books on Demand GmbH, Norderstedt Germany
ISBN: 978-3-656-24397-7

Berufsbildungsinstitut
Arbeit und Technik

Meike Weber

Arbeitsstudie

Qualifikation der Service-Techniker bei der Deutschen Telekom

-

Lehrveranstaltung CD 03:
„Berufsarbeit als Gegenstand der beruflichen Fachrichtung Elektrotechnik / Informatik"

Abgabetermin:

08.04.2008

biat Universität Flensburg SS 2007

Inhaltsverzeichnis

Abbildungsverzeichnis

Tabellenverzeichnis

1 Einleitung und Zielsetzung

Im Zeitalter der Dienstleistungen sind die Qualifikationen von Service-Technikern wichtiger denn je für ein Unternehmen. In der Computerwoche Online ist am 17.12.2007 ein Artikel erschien, der zeigt, dass IT-Firmen beim Outsourcing vor allem auf die Qualifikation der Mitarbeiter setzten. (Computerwoche 2007) Also ist die Qualifikation des Facharbeiters ein wichtiger Punkt, der bei der Facharbeit berücksichtigt werden sollte.

Während meiner Ausbildung zur Fachinformatikerin der Fachrichtung Systemintegration kam ich mit anderen Auszubildenden der IT-Berufe über verschiedene Internet-Foren ins Gespräch. Dabei stellte sich heraus, dass der IT-Systemelektroniker und der Fachinformatiker der Fachrichtung Systemintegration jeweils in einem abgegrenzten Einsatzgebiet, nämlich entweder in der Telefontechnik oder in der Computertechnik, eingesetzt wurden. Es gab jedoch keine, für uns Auszubildende ersichtliche, einheitliche Regelung, welcher Ausbildungsberuf in welchem Technikbereich eingesetzt werden sollte.

Der Ausbildungsbetrieb Deutsche Telekom AG setzt den IT-Systemelektroniker mit Schwerpunkt im Telefonservice und in der Telefontechnik ein. Der Fachinformatiker der Fachrichtung (FR) Systemintegration wird bei der Deutschen Telekom AG in Rechenzentren, in Bereichen mit Client/Server-Netzwerken der Tochter T-Systems und in Bereichen, welche die Funknetze der Tochter T-Mobile betreiben, eingesetzt. Diese Einsatzbereiche sind in anderen großen Firmen teilweise genau umgekehrt. Zum Beispiel werden die IT-Systemelektroniker von Siemens in Kiel bei den Großrechnern und die Fachinformatiker der FR Systemintegration als Service-Techniker eingesetzt.

Im Rahmen des Studiums „Lehramt an beruflichen Schulen" sollen im Zusammenhang mit der Veranstaltung CD03 „Berufsarbeit als Gegenstand der beruflichen Fachrichtung ET-IF" unterschiedliche Forschungsmethoden kennengelernt und in einer Arbeitsstudie erprobt werden. Ich möchte diese Gelegenheit nutzen, um die Facharbeit des Service-Technikers zu begleiten und dabei zu überprüfen, welche Qualifikationen diese Arbeit voraussetzt. Daher ist der Gegenstand dieser Untersuchung die Facharbeit der Service-Techniker der Deutschen Telekom AG in der IT/TK-Branche. Als Leitfrage gilt: Welche Qualifikationen befähigen diese Facharbeiter zum beruflichen Handeln? Aus meinem persönlichen Interesse heraus ergibt sich weiterhin die Frage: Kann der Ausbildungsberuf IT-Systemelektroniker die Grundlage der Qualifikation der Facharbeiter sein? Interessant wäre weiterhin, ob der Fachinformatiker der Fachrichtung Systemintegration ebenso geeignet ist? Doch aufgrund des geforderten eher kleineren Umfangs dieser Studie möchte ich mich auf die Klärung der erforderlichen Qualifikationen der Service-Techniker sowie einer abschließenden Gegenüberstellung mit der Ausbildungsverordnung des IT-Systemelektronikers beschränken.

Dazu wird im zweiten Kapitel die Umsetzung dieser Untersuchung zunächst geplant. Dabei werden die geeigneten Forschungsmethoden für die Analyse der Facharbeit gewählt und weitere benutzte Werkzeuge erklärt. Im dritten Kapitel wird der Betrieb mit seiner Organisation und seinen Geschäftsprozessen vorgestellt. Im vierten Kapitel wird die durchgeführte Forschung ausgewertet und analysiert. Am Schluss steht eine Zusammenfassung der Ergebnisse.

2   Planung der Untersuchung

Da die Deutsche Telekom AG ein Betrieb mit einer besonders großen Telefon-Service Abteilung ist, eignet sie sich gut, um die Untersuchung durchzuführen. Durch meine Ausbildung habe ich noch gute Kontakte zu dem Betrieb, so dass sich ein Kontakt zu den Service-Technikern direkt herstellen lässt. Während meiner Ausbildung habe ich diesen Bereich nicht kennengelernt, da ich eine Ausbildung zur Fachinformatikerin (FR Systemintegration) gemacht habe.

Ähnlich wie im Modellversuch „Geschäfts- und arbeitsprozessbezogene, dual-kooperative Ausbildung in ausgewählten Industrieberufen mit optionaler Fachhochschulreife (GAB)" soll „die Wirklichkeit typischer beruflicher und betrieblicher Kernarbeitsprozesse" (Schemme 2005, S. 528) abschließend mit dem Ausbildungsrahmenplan des IT-Systemelektronikers verglichen werden. Zuvor sollen die Qualifikationen, die ein Service-Techniker zum beruflichen Handeln befähigt, festgestellt werden.

Dazu werden im Kapitel 2.1 die Methoden unter Berücksichtigung der Gütekriterien Objektivität, Reliabilität und Validität ausgewählt. Für den konkreten Vergleich der Arbeitsprozesse des Facharbeiters mit den Inhalten aus dem Rahmenplan soll das von Prof. Dr. A. Willi Petersen und Carsten Wehmeyer im Rahmen der BiBB-Studie „Die neuen IT-Berufe auf dem Prüfstand" entwickelte GAHPA-Modell[1] (Petersen; Wehmeyer 2003a, S. 9ff) eine Hilfe sein. Für das bessere Verständnis soll das Modell in Kapitel 2.2 kurz erläutert werden.

2.1   Methodenwahl

Neben der Beobachtung der Facharbeit habe ich mich für eine schriftliche Befragung als zweite Möglichkeit entschieden, die Facharbeit des Service-Technikers zu untersuchen. In den meisten Studien, welche die Arbeit analysieren, wird die Beobachtung als Methode verwandt. Sie eignet sich besonders gut, um komplexe Arbeitsabläufe festzuhalten. Da die Qualifikationen der Facharbeiter Teil dieser Arbeitsabläufe sind, wird diese Methode als die zentrale gewählt. Da die Beobachtung in Bezug auf die Einhaltung der wissenschaftlichen Gütekriterien eher problematisch erscheint (vgl. Becker 2005, S. 632), möchte ich, auch um die Stichprobe auf einfache Art und Weise zu erweitern, zusätzlich eine schriftliche Befragung einsetzen.

Beobachtung

Die empirische Sozialforschung stellt eine Vielfalt von Beobachtungsmethoden zur Verfügung. Zum einen wird zwischen systematischer und unsystematischer Beobachtung, also zwischen einer Beobachtung mit oder einer ohne Zuhilfenahme eines Beobachtungsleitfadens unterschieden. Zum anderen wird, je nachdem ob der Beobachter Teil der beobachteten Gruppe ist oder nicht, zwischen teilnehmender und nicht-teilnehmender Beobachtung unterschieden. (vgl. Friedrichs 1990, S. 273) Zusätzlich gibt es den Aspekt der offenen und verdeckten Beobachtung, abhängig davon ob der Beobachtete weiß, dass er beobachtet wird oder nicht. Es gilt, sich gezielt zwischen den verschiedenen Varianten zu entscheiden.

Eine für diese Arbeitsstudie interessante Variante stellt Becker (2005, S. 629) in seinem Aufsatz über Beobachtungsverfahren als die „berufswissenschaftliche Arbeitsbeobachtung" vor. Sie ist eine Kombination aus systematischer, offener Beobachtung und Interview. Dabei geht es im Kern um die Entschlüsselung beruflicher Handlungskompetenz, also der Qualifikation des Fach-

---

[1]   GAHPA-Modell – Geschäftsprozess: Arbeitsprozesse, Handlungsphasen, Arbeitsaufgaben

arbeiters. Ein weiterer interessanter Ansatz ist die BAG-Analyse von Haasler (2003); bei dieser Analyse werden berufliche Arbeitsaufgaben (BAG), welche die Eigenschaft haben, keine einzelne Tätigkeit zu sein, sondern eine vollständige Handlung abbilden, analysiert und aufgenommen. Dazu hat Haasler (2003, S. 12) einen Analyseleitfaden entwickelt, der verschiedene Fragen zu der beruflichen Arbeitsaufgabe stellt.

Für diese Studie habe ich mich entschieden, den beobachteten Facharbeiter bei seiner Tätigkeit zu begleiten und anhand eines Beobachtungsleitfadens seine ausgeführten Arbeitsaufgaben festzuhalten. Mein Beobachtungsleitfaden ist in Anlehnung an den Analyseleitfaden von Haasler konzipiert und verbindet die beiden Methoden Beobachtung und Interview, wie von Becker vorgeschlagen.

Dieser Beobachtungsbogen soll außerdem als Arbeitserleichterung dienen, stichpunktartig die Facharbeit festzuhalten. Denn als Nachteil der Beobachtung wird meist angeführt, dass die Aufmerksamkeit des Beobachters durch eine ausführliche Dokumentation während der Beobachtung verschlechtert wird. Daneben kann es vorkommen, dass der Facharbeiter sich durch die dauerhafte Protokollierung kontrolliert fühlt und dadurch anders handelt als üblich. Als weiteren positiven Aspekt des Beobachtungsleitfadens führt Diekmann (2006, S. 474) an, dass die Objektivität[2] durch solch eine strukturierte Beobachtung erhöht wird.

Der Beobachtungsleitfaden befindet sich im Anhang A1.

Schriftliche Befragung

Da nur drei Tage für den Besuch des Betriebes vorgesehen sind, werden durch die schriftliche Befragung ohne meine Anwesenheit weitere Eindrücke zu den Qualifikationsanforderungen eines Service-Technikers aufgenommen. Zusätzlich wird dadurch ein weiterer Blickwinkel innerhalb der Untersuchung aufgegriffen.

Der Aufbau des Fragebogens gliedert sich in zwei Abschnitte. Zuerst werden persönliche Angaben abgefragt, die unter anderem den Einstieg in die Befragung erleichtern sollen. Interessant ist hierbei besonders die Ausbildung der Befragten. Im zweiten Teil sollen die Befragten beurteilen, welche Items des Berufsbildes des IT-Systemelektronikers aus der Ausbildungsverordnung für die Facharbeit von Bedeutung sind. Die Items sind bewusst nicht als Punkte aus der Ausbildungsverordnung gekennzeichnet. Auch die Zwischenüberschriften sind bewusst weggelassen. Nur die einzelnen Unterpunkte des Berufsbildes werden aufgelistet, um eine Bewertung anhand der Überschrift zu vermeiden. Bei jedem Item können die Befragten ihre Antwort auf einer Skala von 1 (wichtig) bis 6 (unwichtig) eintragen. Absichtlich wurde dabei eine gerade Zahl für die Einteilung der Skala gewählt, damit die Befragten nicht dazu verleitet werden, bei einer Unsicherheit die Mitte anzukreuzen. Außerdem wird in dem Fragebogen, anders als beim Beobachtungsleitfaden, insgesamt nur eine offene Frage gestellt. Um eventuell vergessene Fertigkeiten und Kenntnisse des Service-Technikers ergänzen zu können, ist am Ende diese offene Frage vorgesehen. Werden viele geschlossene Fragen gestellt, können die Ergebnisse später leichter ausgewertet werden. Bei der Gestaltung aller Fragen wurde darauf geachtet, dass sie kurz und prägnant gestellt sind und eindeutige Antwortmöglichkeiten bieten.

Nach einem Pretest mit zwei Personen aus meinem Bekanntenkreis, die in der IT-Branche tätig sind, wurden einige zu bewertende Items um Erläuterungen erweitert. Dazu ist jeweils ein Punkt der Fertigkeiten und Kenntnisse aus der sachlichen Gliederung verwendet worden. Der

---

[2] Objektivität siehe unten, Abschnitt Gütekriterien

endgültige Fragebogen befindet sich im Anhang A2. (für diesen Abschnitt vgl. Diekmann 2006, S. 410ff, S. 439ff und Friedrichs 1990, 192ff, S. 236f)

Bei der Fragebogenerstellung wird das Tool GrafStat[3] verwendet; eine Software, die in Zusammenarbeit von der Bundeszentrale für Politische Bildung und der Universität Münster entwickelt wurde. Diese Software wird auch zur Auswertung der Fragebögen genutzt. Ebenso wäre eine Online-Umfrage leicht zu konzipieren, doch ist das hier aufgrund des kleinen Umfangs dieser Studie zu aufwendig.

Gütekriterien

Grundsätzlich sollen Messungen innerhalb der empirischen Forschung wenigstens den drei wichtigsten Gütekriterien Objektivität, Reliabilität und Validität entsprechen. (vgl. Diekmann 2006, S. 216 ff)

Die Objektivität wird definiert dadurch, dass die Ergebnisse der Untersuchung vom Versuchsleiter unabhängig sein sollen. Durch die gewählte Form der Beobachtung ist dieses nur bedingt der Fall. Jedoch wurde die Objektivität, wie bereits erwähnt, durch die Konzipierung eines Beobachtungsleitfadens erhöht. Eine schriftliche Befragung ist immer in hohem Maße unabhängig vom Versuchsleiter, da dieser zur Zeit der Beantwortung nicht anwesend ist.

Die Reliabilität gibt Auskunft über den Grad der Genauigkeit der Ergebnisse der Untersuchung. Durch die Wahl von zwei verschiedenen Messmethoden ist die Zuverlässigkeit gestiegen. Da jedoch die Stichprobe sehr klein ist und es sich um eine studentische Arbeitsstudie handelt, ist die Reliabilität auch nicht besonders hoch.

Die Validität gibt „den Grad der Genauigkeit an, mit dem dieser Test dasjenige Persönlichkeitsmerkmal oder diejenige Verhaltsweise, das (die) er messen soll oder zu messen vorgibt, tatsächlich misst" (Diekmann 2006, S.224 nach Lienert 1969, S. 16). Friedrichs (1990, S.100f) schlägt dafür verschiedene Methoden für verschiedene Probleme vor, jedoch meine ich, dass die Gültigkeit mit der engen Anlehnung an die Geschäfts- und Arbeitsprozesse sowie den Items aus dem Berufsbild des IT-Systemelektronikers für diese klein angelegte Studie genügend berücksichtigt wird.

2.2 GAHPA-Modell

Viele verschiedene Studien haben ergeben, dass sich die Verordnungen und die Rahmenlehrpläne der IT-Berufe an Geschäfts- und Arbeitsprozessen orientieren. (vgl. z.B. Schemme 2005) Daher wird das GAHPA-Modell als Werkzeug für diese Berufsarbeitsanalyse gewählt, denn dieses Modell stellt die „Darstellungs- und Analysemöglichkeiten von betrieblichen Geschäfts- und Arbeitsprozessen [...] in den Mittelpunkt" (Petersen 2003b).

Geschäftsprozesse sollen in Anlehnung an Petersen (2003b) definiert werden als eine „Gesamtheit [...von] Inhalten und Anforderungen in den Strukturen von betrieblichen Arbeitsprozessen, Handlungsphasen und Arbeitsaufgaben [...], die in der Regel in der Zusammenarbeit von einer Vielzahl von Personen und Fachkräften mit unterschiedlichen Fähigkeiten und Kompetenzen zum Ziel der jeweiligen Geschäftserfüllung ausgeführt" werden.

Ein Geschäftsprozess wird mit dem Modell auf drei Ebenen betrachtet. Auf der ersten Ebene ist die Struktur der betrieblichen Arbeitsprozesse, auf der zweiten Ebene sind die Handlungs-

---

[3]   www.grafstat.de

phasen und in der dritten Ebene sind die einzelnen Arbeitsaufgaben dargestellt. Daraus ergibt sich dann das folgende Bild:

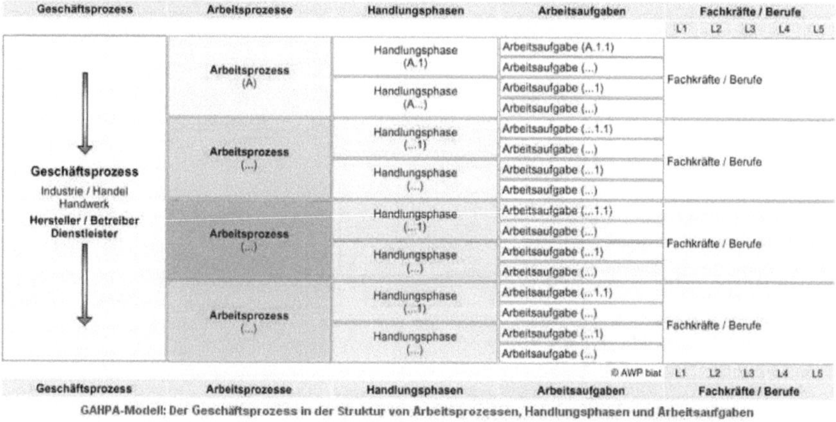

Geschäftsprozess	Arbeitsprozesse	Handlungsphasen	Arbeitsaufgaben	Fachkräfte / Berufe				
				L1	L2	L3	L4	L5
Geschäftsprozess Industrie / Handel Handwerk Hersteller / Betreiber Dienstleister	Arbeitsprozess (A)	Handlungsphase (A.1)	Arbeitsaufgabe (A.1.1)	Fachkräfte / Berufe				
			Arbeitsaufgabe (...)					
		Handlungsphase (A...)	Arbeitsaufgabe (...1)					
			Arbeitsaufgabe (...)					
	Arbeitsprozess (...)	Handlungsphase (...1)	Arbeitsaufgabe (...1.1)	Fachkräfte / Berufe				
			Arbeitsaufgabe (...)					
		Handlungsphase (...)	Arbeitsaufgabe (...1)					
			Arbeitsaufgabe (...)					
	Arbeitsprozess (...)	Handlungsphase (...1)	Arbeitsaufgabe (...1.1)	Fachkräfte / Berufe				
			Arbeitsaufgabe (...)					
		Handlungsphase (...)	Arbeitsaufgabe (...1)					
			Arbeitsaufgabe (...)					
	Arbeitsprozess (...)	Handlungsphase (...1)	Arbeitsaufgabe (...1.1)	Fachkräfte / Berufe				
			Arbeitsaufgabe (...)					
		Handlungsphase (...)	Arbeitsaufgabe (...1)					
			Arbeitsaufgabe (...)					
			© AWP biat	L1	L2	L3	L4	L5
Geschäftsprozess	Arbeitsprozesse	Handlungsphasen	Arbeitsaufgaben	Fachkräfte / Berufe				

GAHPA-Modell: Der Geschäftsprozess in der Struktur von Arbeitsprozessen, Handlungsphasen und Arbeitsaufgaben

Abb. 1: Geschäftsprozess nach dem GAHPA-Modell (Petersen 2003b)

Dabei sind die Arbeitsprozesse mit verschiedenen Farben markiert, um abzugrenzen, zu welchen Teilbereichen der Prozess gehört. Vom Auftragsangebot bis zum –eingang sind die Arbeitsprozesse mit ihren Handlungsphasen gelb gekennzeichnet, die Planung und Organisation der Arbeit ist mit blau markiert, die Durchführung der einzelnen Arbeitsschritte wie Installation und Montage sind rot gekennzeichnet und zuletzt sind Service und Instandhaltung grün unterlegt. Diese Farbgebung erleichtert in jedem Geschäftsprozess, die Abfolge der Arbeitsprozesse zu verfolgen.

Darüber hinaus muss der Begriff des Geschäftsfeldes (vgl. Abb. 2) abgegrenzt werden. Ein Geschäftsfeld – in Analogie Arbeitsfeld und Handlungsfeld – ist die Abstraktion eines meist sehr speziellen Geschäftsprozesses auf die Gesamtheit einer Branche oder eines Unternehmens. So kann die Verordnung des IT-Systemelektronikers im GAPHA-Modell als ein Geschäftsfeld mit Arbeitsfeldern, Handlungsfeldern und Arbeitsaufgaben angesehen werden. Prof. Dr. Petersen hat auf der Internetseite www.e-berufe.de (Petersen 2008) dieses Geschäftsfeld auf Grundlage der Verordnung dargestellt. Es soll mir für meinen Vergleich in Kapitel 4.4 als Grundlage dienen.

Es gilt also, in der Auswertung aus den beobachteten Geschäftsprozessen die Abstraktion auf ein Geschäftsfeld für den jeweiligen Betrieb herzustellen, um die Strukturen vergleichen zu können.

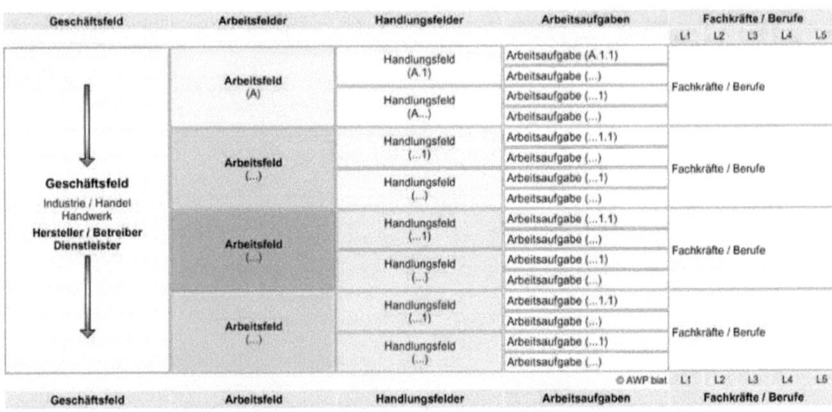

Abb. 2: Geschäftsfeld nach dem GAHPA-Modell (Petersen 2003b)

3   Vorstellung des Betriebes

Im Sommer 2007 hat die Deutsche Telekom AG den Service-Bereich in einer eigenen, im Konzern verbleibenden Einheit mit dem Namen „T-Service" zusammengefasst. Den gesamten Konzern zu beschreiben, ist für diese Studie nicht nötig. Es soll die grundsätzliche Organisation von T-Service und diejenige innerhalb Schleswig-Holsteins vorgestellt werden, da dieser Bereich derjenige war, den ich kennengelernt habe. Es werden keine internen Unterlagen zur Verfügung gestellt, weshalb die Organisation nur aufgrund der Gespräche mit den Mitarbeitern bzw. eines Teamleiters beschrieben wird.

Die T-Service ist für die Neuinstallationen, Vertragsänderungen und Entstörungen der Produkte der T-Com zuständig. Sie gliedert sich in Bereiche und Teams. Die Teams bearbeiten die innerhalb der Bereiche anfallenden Aufträge. Schleswig-Holstein ist in die zwei Bereiche Ost und West aufgeteilt. Jeder Bereich hat eine übergeordnete Abteilung zur Disposition der Aufträge. Das Team der Disposition für den östlichen Bereich sitzt mit 19 Mitarbeitern in Kiel und ist verantwortlich für die Verteilung der Aufträge auf die in ihrem Bereich tätigen 14 Teams mit jeweils ca. 20 Mitarbeitern. Außerdem werden von hier aus die Aufträge, welche die Kapazitäten der eigenen Service-Techniker überschreiten, an Fremdfirmen vergeben. So ergibt sich hier das folgende Organigramm:

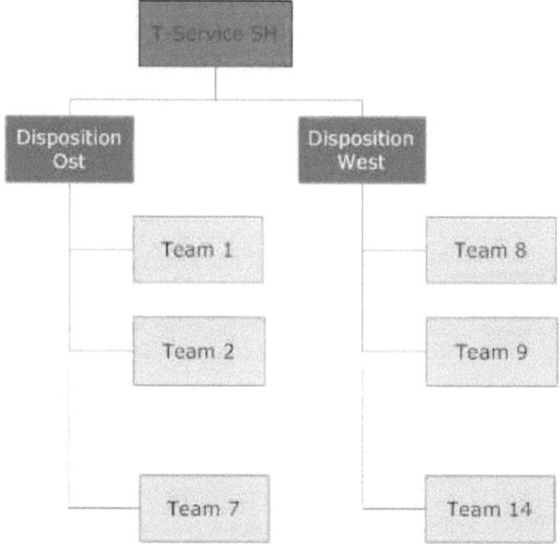

Abb. 3: Organigramm T-Service Schleswig-Holstein

Alle Aufträge und Störungen werden über eine Software verwaltet. Mit dieser Software können Vertrieb und Service-Hotline direkt für ganz Deutschland Aufträge innerhalb von drei Service-Fenstern (8-12, 12-16 und 16-20 Uhr) einstellen. Der Vertrieb kann nur ab drei Tagen im Voraus Termine mit dem Kunden vereinbaren, damit für die Störungsfälle von der Hotline noch kurzfristige Kapazitäten frei bleiben. In der Disposition werden die Aufträge für den eigenen Bereich herausgefiltert und auf die Teams, die wiederum für kleinere Gebiete innerhalb der Bereiche zuständig sind, aufgeteilt. Die Disposition erhält ebenfalls Aufträge (Störungsfälle und Neuinstallationen) von anderen Telefonanbietern, welche die Leitungen der Deutschen Telekom AG gemietet haben, denn diese Telefonanbieter haben keine eigenen Service-Techniker. Sind alle Kapazitäten der Telekom Service-Techniker Teams belegt, so werden die restlichen Aufträge von der Disposition an Fremdfirmen weitergegeben. Somit ergeben sich für die T-Service die zwei Geschäftsprozesse bzw. das folgende Geschäftsfeld in Kapitel 4.1.1 nach dem GAHPA-Modell.

Die Berufsausbildung findet nur im Mutterkonzern statt. Es kommt aber oft vor, dass Auszubildende zum IT-Systemelektroniker bei den Service-Technikern eingesetzt werden. Weiterbildungsmaßnahmen für die Mitarbeiter gibt es in diesem Bereich nur in geringem Umfang.

4 Durchführung und Auswertung

Für die Beobachtung der Facharbeit standen mir drei Tage zur Verfügung. Dabei habe ich einen Tag die Facharbeit in der Disposition und zwei Tage die Facharbeit des Service-Technikers begleitet. Die Fragebögen habe ich im Großraumbüro der Service-Techniker, in dem die meisten Techniker sich morgens treffen, ausgeteilt. In diesem Kaptitel sollen zunächst in 4.1.1 die aus den Beobachtungen resultierenden Geschäftsprozesse und –felder vorgestellt werden. Danach werden die Beobachtungsleitfäden in 4.1.2 ausgewertet und darauf folgt unter 4.2 die Auswertung der schriftlichen Befragung. In Kapitel 4.3 werden die erforderlichen Qualifikationen der Facharbeiter anhand der Beobachtungs- und Befragungsergebnisse bestimmt und in Kapitel 4.4 werden diese mit dem Geschäftsfeld des IT-Systemelektronikers der e-berufe Internetseite (Petersen 2008) verglichen.

4.1 Beobachtung

4.1.1 Geschäftsprozesse

Der erste Geschäftsprozess beschreibt den Ablauf einer Neuinstallation eines Anschlusses. Die Arbeitsaufgaben des Service-Technikers und der Disposition ergeben sich aus der Beobachtung.

Geschäftsprozess	Arbeitsprozess	Handlungsphasen	Arbeitsaufgaben	Fachkräfte
Installation	Auftragseingang Installation/ Vertragsänderung	Kundenberatung und Verkauf	Termin drei Tage im voraus vergeben	Vertrieb
		Eintragen des Termins in die Verwaltungssoftware		
	Arbeitsplanung	Verteilung der Termine	Installationen von Telekom-Kunden zuerst auf die Techniker verteilen, dann Störungen von anderen Anbietern	Disposition
			überschüssige Installationen auf die Fremdfirmen verteilen	

	Montage / Installation	Montieren und Installieren	Verlegen der Leitung im HVSt, OVSt, Hausverteiler	Service-Techniker
	Service und Support	Informieren des Kunden	Telefonat oder Informationskarte	Service-Techniker
		Auftragsabschluss	Beschreibung der Tätigkeiten und Dauer der Bearbeitung in der Software eintragen	
			Auftrag auf abgeschlossen setzen	

Tab. 1: Geschäftsprozess Installation

Für eine Entstörung eines Telefon- oder DSL-Anschlusses mit den zugehörigen Arbeitsaufgaben, die sich aus der Beobachtung ergeben, wird der folgende Geschäftsprozess (Tab. 3) durchlaufen.

Geschäftsprozess	Arbeitsprozess	Handlungsphasen	Arbeitsaufgaben	Fachkräfte
Entstörung	Störungseingang	Telefonat mit dem Kunden		Störungs-Hotline
		Eintragen eines kurzfristigen Termins (24h) in die Verwaltungssoftware		
	Arbeitsplanung	Verteilung der Termine	Störungen von Telekom-Kunden zuerst auf die Teams verteilen, dann Störungen von anderen Anbietern	Disposition
			überschüssige Störungen auf die Fremdfirmen verteilen	
	Testen der Leitungen	Durchführung von Tests	Messen vom HVt aus (Widerstand in Anschlussdose)	Service-Techniker
			Messungen vom Kunden aus zu HVt (Schleifenmessung)	
			Messungen an DSL-Anschluss mit Hilfe des Laptops / Intranet-oberfläche	
	Instandsetzung	Reparatur / Beseitigung des Fehlers	Leitung neu verlegen	
			Leitung neu verlöten	
			ggf. Weitergabe des Fehlers an anderes Team (z.B. Netze)	
		Entstörung durch anderes Team		Team Netze, etc.
	Service und Support	Informieren des Kunden	Telefonat oder Informationskarte	Service-Techniker
		Auftragsabschluss	Beschreibung der Tätigkeiten und Dauer der Bearbeitung in der Software eintragen	
			Auftrag auf abgeschlossen setzen	

Tab. 2: Geschäftsprozess Entstörung

Der Bereich der Hotline gehört nicht zur Untersuchung, da die Hotline-Mitarbeiter nicht in Kiel am besuchten Standort arbeiten. In der Disposition sind am meisten Qualifikationen im Bereich des Organisierens und Planens erforderlich, daher sind hier verschieden qualifizierte Mitarbeiter vertreten. Der Service-Techniker ist nur in den Handlungsphasen der Montage und Instandhaltung sowie des Services und Supportes vertreten. Wie sich das auf die erforderliche Qualifikation auswirkt, wird in den folgenden Kapiteln geklärt.

Aus den beiden vorgestellten Geschäftsprozessen lässt sich das folgende Geschäftsfeld abstrahieren.

Geschäftsfeld	Arbeitsfelder	Handlungsfelder	Arbeitsaufgaben	Fachkräfte
Auftragsbearbeitung	Auftragseingang	Kundenauftrag		Vertrieb
		Eintragen des Termins in die Verwaltungssoftware		
	Arbeitsplanung	Verteilung der Aufträge	Aufträge von Telekom-Kunden zuerst auf die Techniker verteilen, dann Störungen von anderen Anbietern	Disposition
			überschüssige Aufträge auf die Fremdfirmen verteilen	
	Installation/ Instandsetzung	Montieren, Installieren und Entstören	Verlegen der Leitungen im HVSt, OVSt, Hausverteiler	Service-Techniker
			Entstören des Anschlusses	
	Service und Support	Informieren des Kunden	Telefonat oder Informationskarte	Service-Techniker
		Auftragsabschluss	Beschreibung der Tätigkeiten und Dauer der Bearbeitung in der Software eintragen	
			Auftrag auf abgeschlossen setzen	

Tab. 3: Geschäftsfeld Auftragsbearbeitung T-Service

4.1.2 Auswertung der Leitfäden

Um bei der Reihenfolge der innerhalb der Geschäftsprozesse zu bleiben, beginne ich mit der Auswertung der Beobachtung der Disposition.

Die Einbindung der Facharbeit der Disponenten in die Geschäfts- und Arbeitsprozesse der T-Service lässt sich an den oben dargestellten Geschäftsprozessen ablesen. Als Schnittstellen sind die Service-Hotline, die Störungen und Erweiterungen in den Verträgen annimmt, der Vertrieb in den T-Punkten und der Großkunden sowie auf der anderen Seite die Teams mit den Service-Technikern zu nennen. Das zentrale Werkzeug bei der Facharbeit der Disponenten ist die Software zur Verwaltung der Aufträge. Darin werden die Aufträge auch von anderen Telefonanbietern eingegeben und zuletzt von den Service-Technikern abgeschlossen. Eine spezielle Schulung an diesem System erhalten die Mitarbeiter nicht. Sie werden in den ersten Wochen von den Kollegen eingearbeitet und später im Umgang beraten. Der Arbeitsplatz der Disponenten ist ausschließlich das Büro. Dabei dient als weiteres Werkzeug neben dem PC das Telefon, mit dem

nicht nur die Fremdfirmen sondern auch teilweise Endkunden angerufen werden, um einen neu-
en Termin auszumachen.

Um die Aufträge an die richtigen Teams und gegebenenfalls sogar an einen speziellen Service-
Techniker vergeben zu können, ist die Kenntnis des gesamten Geschäftsprozesses, sowie Kenntnisse über die Arbeitsweise der Service-Techniker, sowie deren Schwerpunkte notwendig. Jeder
Disponent verwaltet ein „eigenes" Team von Service-Technikern. Dadurch wird die Kommuni-
kation an dieser Schnittstelle leichter.

Für die Facharbeit im Bereich der Disposition sind in erster Linie Kenntnisse und Fähigkeiten
im Planen, Organisieren und Kommunizieren erforderlich. Ein guter Umgang mit dem PC, sowie
mit Office-Anwendungen und vor allem mit der Verwaltungs-Software für die Aufträge sind
ebenfalls notwendig. Diese Kenntnisse und Fähigkeiten sind dem Kernbereich der IT-Berufe zu-
geordnet. Damit erfüllen laut Ausbildungsrahmenplan alle IT-Berufe diese Qualifikationen.

Der Service-Techniker ist insbesondere in die letzten Arbeitsprozesse der Geschäftsprozesse
eingebunden. Die Montage, Installation und Serviceleistungen werden durch ihn realisiert. Jeder
Service-Techniker kann alle seinem Team zugeordneten Aufträge sehen und wählt selbst aus,
welche Aufträge er bearbeitet. In einer kurzen Absprache unter den Kollegen am Morgen werden
die Aufträge untereinander aufgeteilt. Meist wird dabei nach der speziellen Qualifikation der
Kollegen und der örtlichen Lage der Aufträge vorgegangen. Haben sich die Kollegen geeinigt,
kann jeder Service-Techniker die Aufträge mittels der Software für sich reservieren. Die Aufträge sind dann in der Liste für die anderen Kollegen nicht mehr sichtbar. Ein Auftrag nach dem
anderen wird nun bearbeitet und zuletzt abgeschlossen. Kann ein Auftrag nicht abgeschlossen
werden, weil z.B. ein Kunde nicht angetroffen wird, wird der Auftrag mit einem Kommentar als
bearbeitet an die Disposition zurückgegeben.

Der Arbeitsplatz des Service-Technikers teilt sich auf viele Bereiche auf: Das Großraumbüro
zum Treffen mit den Kollegen am Morgen, das Auto mit Navigationsgerät, UMTS-/GPRS-Emp-
fang, Freisprechanlage fürs Handy; außerdem die HVSt, OVSt⁴, Hausverteiler im Keller von
Mehrfamilienhäusern und die Wohnungen der Kunden. Dieser umfangreiche Arbeitsplatz hilft
mit seinen wiederum umfangreichen Werkzeugen wie den drei Messgeräten, dem Laptop, dem
Werkzeugkoffer, Ersatzteilen und Kabeln die oben beschriebenen Arbeitsaufgaben auszuführen.
Die Messgeräte erfordern einen sicheren Umgang und bieten die Möglichkeit, den DSL-An-
schluss und einen ISDN- oder analogen Anschluss zu überprüfen. Mit dem Laptop können über
eine Intranetseite ebenfalls weitere Messungen an DSL-Anschlüssen durchgeführt werden. Für
die Handhabung dieser Messgeräte gibt es keine Schulungen. Die Service-Techniker werden von
Kollegen einige Wochen eingearbeitet und werden danach durch Telefonsupport von diesen Kollegen unterstützt. Sollten die Service-Techniker bei einem Auftrag Hilfe brauchen, können sie
neben den Kollegen auch eine Fachhotline anrufen.

Die Kooperation zwischen den Kollegen ist in dem beobachteten Team sehr groß und auch die
Zusammenarbeit mit der Disposition ist sehr gut. Meist sind die Service-Techniker allein unter-
wegs zum Kunden. Ist absehbar, dass der Fall komplizierter ist oder der Kunde als schwierig be-
kannt ist, fährt auch manchmal ein Zweierteam zum Kunden. Wie bereits oben beschrieben,
kann bei Teams, deren Zusammenarbeit nicht funktioniert, die Arbeit auf die einzelnen Kollegen
durch die Disposition verteilt werden.

---

⁴ HVSt – Hauptvermittlungsstelle,   OVSt – Ortsvermittlungsstelle

Für die Facharbeit des Service-Technikers ist vor allem eine große Fachkenntnis über Telefonnetze und –geräte erforderlich. Kenntnisse über den Umgang mit den Messgeräten und dem Laptop sind unumgänglich. Die Planung und Strukturierung der eigenen Arbeit spielt ebenfalls eine wichtige Rolle. Der Umgang mit Kunden persönlich und am Telefon ist eine weitere geforderte Qualifikation.

4.2 Schriftliche Befragung

Von zehn ausgeteilten Fragebögen innerhalb des besuchten Teams sind neun wieder abgegeben worden. Das ist eine sehr gute Rücklaufquote. Die Fragebögen werden mit Hilfe von Graf-Stat ausgewertet. Während dieser ersten Auswertung möchte ich keine errechneten Mittelwerte nutzen, sondern sachlogisch die Werte interpretieren. Die Gesamtauswertung, der ich die Überschriften aus der Verordnung für eine Verbesserung der Übersicht wieder zugefügt habe, befindet sich in Anhang A3. In Kapitel 4.3 möchte ich dann die erforderlichen Qualifikationen für einen Service-Techniker aus den Ergebnissen ablesen.

Die Altersstruktur teilt sich in zwei Bereiche: 55% der Befragten sind jünger als 30 und der Rest ist zwischen 36 und 45 Jahren alt. Insgesamt ist es also ein recht junges Team. Fast die Hälfte der Befragten (44,44%) ist länger als 10 Jahre im Betrieb. Alle Befragten und damit auch der Teamleiter haben einen Ausbildungsberuf erlernt und haben nicht studiert. Dabei teilt sich die Abteilung logischerweise fast entsprechend der Altersstruktur nach IT-Systemelektronikern und anderen Ausbildungsberufen auf. Als weitere Ausbildungsberufe werden Kommunikationselektroniker, als einer der Vorläufer der IT-Berufe, und der Fernmeldehandwerker, als ein Vorläufer des Kommunikationselektronikers als Ausbildungsberuf im Öffentlichen Dienst, genannt. Außerdem ist ein Industriemeister dabei. Dieser Beruf ist vom Teamleiter erlernt worden.

Nach den persönlichen Angaben folgen nun die verschiedenen Punkte aus der Ausbildungsverordnung des IT-Systemelektronikers. Einige Werte werden eindeutig von allen als wichtig oder unwichtig bewertet; bei anderen Werten sind jeweils auch völlig unterschiedliche Bewertungen herausgekommen. Eine Grafik ist nur für diejenigen Werte abgebildet, die mir interessant erscheinen. Die anderen Werte sind ohne Grafik beschrieben, daher sind für eine bessere Übersicht die Punkte und Unterpunkte der Ausbildungsverordnung und damit die Items, die bewertet werden sollen, an dieser Stelle noch mal aufgelistet:

1. Der Ausbildungsbetrieb: 1.1 Stellung, Rechtsform und Struktur, 1.2 Berufsbildung, Arbeits- und Tarifrecht, 1.3 Sicherheit und Gesundheitsschutz bei der Arbeit, 1.4 Umweltschutz;	5. Herstellen und Betreuen von Systemlösungen: 5.1 Ist-Analyse und Konzeption, 5.2 Programmiertechniken, 5.3 Installieren und Konfigurieren, 5.4 Datenschutz und Urheberrecht, 5.5 Systempflege;
2. Geschäfts- und Leistungsprozesse: 2.1 Leistungserstellung und -verwertung, 2.2 Betriebliche Organisation, 2.3 Beschaffung, 2.4 Markt- und Kundenbeziehungen, 2.5 Kaufmännische Steuerung und Kontrolle;	6. Systemtechnik: 6.1 Systemkomponenten, 6.2 Ergonomische Geräteaufstellung;
3. Arbeitsorganisation und Arbeitstechniken: 3.1 Informieren und Kommunizieren, 3.2 Planen und Organisieren, 3.3 Teamarbeit;	7. Installation: 7.1 Montagetechnik, 7.2 Stromversorgung, Schutzmaßnahmen, 7.3 Datensicherheit, Hard- und Softwaretests, 7.4 Netzwerke; 8. Serviceleistungen;

4. informations- und telekommunikationstechnische Produkte und Märkte:
4.1 Einsatzfelder und Entwicklungstrends,
4.2 Systemarchitektur, Hardware und Betriebssys-
teme,
4.3 Anwendungssoftware,
4.4 Netze, Dienste;

9. Instandhaltung;

10. Fachaufgaben im Einsatzgebiet:
10.1 Produkte, Prozesse und Verfahren
10.2 Projektplanung,
10.3 Projektdurchführung und Auftragsbearbeitung,
10.4 Projektkontrolle, Qualitätssicherung.

Die ersten acht Werte, bei denen es um hauptsächlich um den ‚Ausbildungsbetrieb' sowie die ‚Geschäfts- und Leistungsprozesse' geht, sind jeweils sehr unterschiedlich bewertet. Die ‚Stellung, Rechtsform und Struktur des Betriebes' ist als eher unwichtig bewertet, wobei ‚Berufsbildung, Arbeits- und Tarifrecht' sowie ‚Sicherheit und Gesundheitsschutz bei der Arbeit' und ‚Umweltschutz' als eher wichtig eingestuft sind. Die ‚Leistungserstellung und -verwertung' hat bei fast jeder Stufe der Skala eine Bewertung mit dem Schwerpunkt auf drei, die scheinbar oft gewählt wird, wenn Unsicherheit besteht. Denn diese Verteilung ist z.B. auch bei der ‚betrieblichen Organisation' zu beobachten. Die ‚Beschaffung' bekommt ebenfalls überall, außer auf eins und sechs, Antworten, die ungefähr gleich verteilt sind. Die ‚Markt- und Kundenbeziehung' ist ähnlich bewertet. Der letzte Punkt ‚kaufmännische Steuerung und Kontrolle' aus dem oberen Bereich ist als eher unwichtig bewertet. Diese beiden zuletzt genannten Punkte haben jeweils nur sieben Antworten erhalten. Daraus ist eine Unverständnis des Wertes oder mangelnder Überblick über diese beiden Punkte abzulesen. Dadurch sind diese Werte eher unwichtig für die Arbeit des Service-Technikers.

Die nächsten Punkte sind für die Befragten wichtiger. Die Unterpunkte von ‚Arbeitsorganisation und Arbeitstechniken' sowie ‚informations- und telekommunikationstechnische Produkte und Märkte' sind überwiegend als wichtig bewertet. Nur der Punkt ‚Netze, Dienste' ist als eher unwichtig bewertet. Das ist sehr interessant, da der Punkt ‚Netzwerke' als sehr wichtig bewertet ist. (vgl. Abb. 4) Die Ursache hierfür könnte in den Beschreibungen der Werte liegen. Der Wert ‚Netze, Dienste' meint eher die Beurteilung eines Betriebssystems und der Wert ‚Netzwerke' steht für die Installation und Inbetriebnahme. Daraus lässt sich für die Service-Techniker auf einen eher praktischen Einsatz ihrer Kenntnisse schließen.

Bei den Punkten zu ‚Herstellen und Betreuen von Systemlösungen' ist der Wert ‚Ist-Analyse und Konzeption' sehr unterschiedlich bewertet und ‚Programmiertechniken' eindeutig als unwichtig. Die restlichen drei Werte sind als wichtig bzw. eher wichtig bewertet. Bis zu den ‚Fachaufgaben im Einsatzgebiet' sind die Werte weiterhin eher als wichtig bewertet. Interessant sind hierbei noch die ‚ergonomische Geräteaufstellung' und die ‚Stromversorgung und Schutzmaßnahmen' bewertet. (vgl. Abb. 5) Diese beiden Werte sind sehr unterschiedlich von den Befragten bewertet. Die ‚ergonomische Geräteaufstellung' hat in allen Bereichen der Skala eine Bewertung mit der Tendenz zur Wichtigkeit. Da wenige Geräte durch den Service-Techniker aufgestellt werden, ist diese Bewertung erstaunlich.

Ebenfalls erstaunlich ist die Bewertung der ‚Stromversorgung und Schutzmaßnahmen'. Der Schwerpunkt liegt zwar wie so häufig auf drei, jedoch haben auch immerhin zwei Befragte diesen Punkt mit fünf, also eher unwichtig, bewertet. Ich bin jedoch der Meinung, dass die Schutzmaßnahmen unbedingt wichtig für jede Facharbeit im Umfeld der Elektrotechnik sind. Diese Tatsache bestätigen die Befragten auch mit der Bewertung des Punktes ‚Sicherheit und Gesundheitsschutz bei der Arbeit' ziemlich zu Anfang der Befragung. Womöglich sind die Schutzmaßnahmen wegen der gemeinsamen Nennung mit Stromversorgung so negativ bewertet.

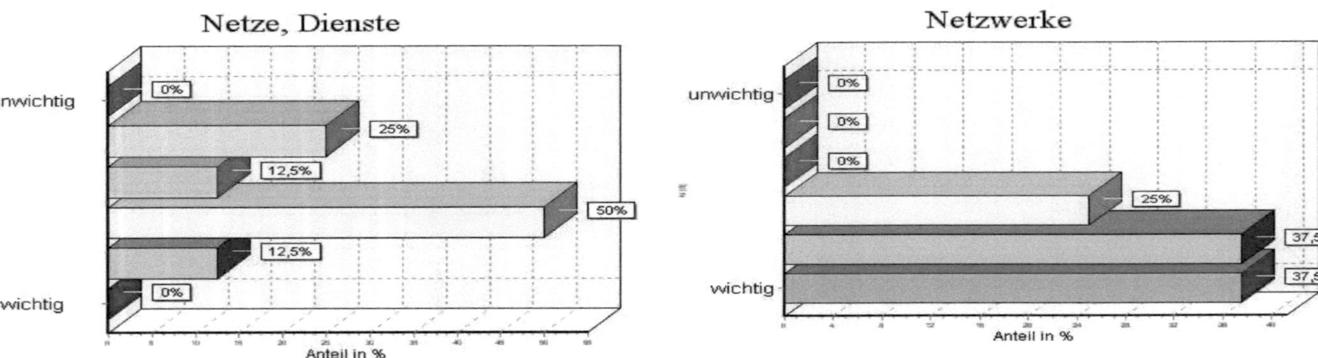

Abb. 4: Item Netz, Dienste (links) und Item Netzwerke (rechts)

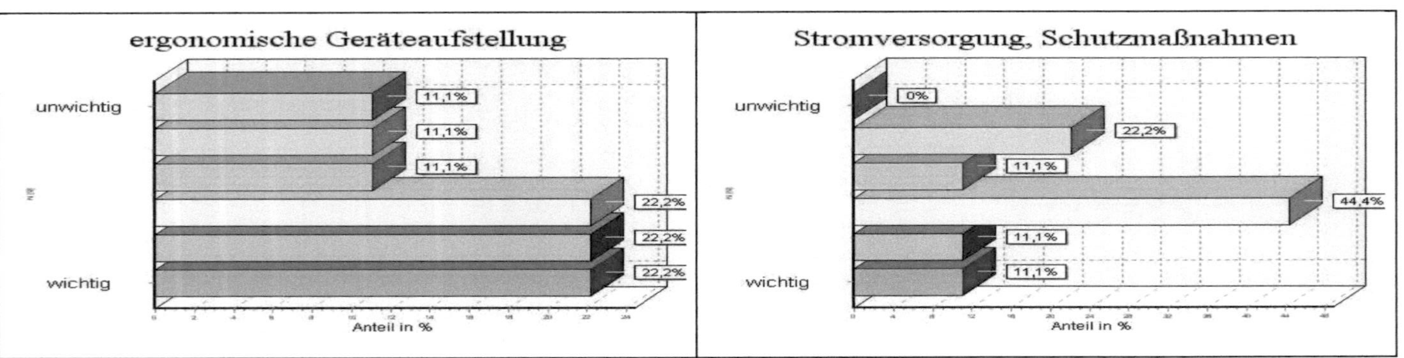

Abb. 5: Item ergonomische Geräteaufstellung (links) und Item Stromversorgung und Schutzmaßnahmen (rechts)

Die Werte zu den ‚Fachaufgaben im Einsatzgebiet', die viel mit Projektbearbeitung zu tun haben, sind nicht so eindeutig wie andere Punkte bewertet. Ich denke, dass dadurch abzulesen ist, dass eine gewisse Unsicherheit im Umgang mit der Projektbearbeitung herrscht. Diese kommt in der Arbeit auch nicht direkt vor. Interessant ist zum Beispiel der Punkt über die ‚Produkte, Prozesse und Verfahren' (vgl. Abb. 6), der nach der Bedeutung der Schnittstellen und Informationswege fragt.

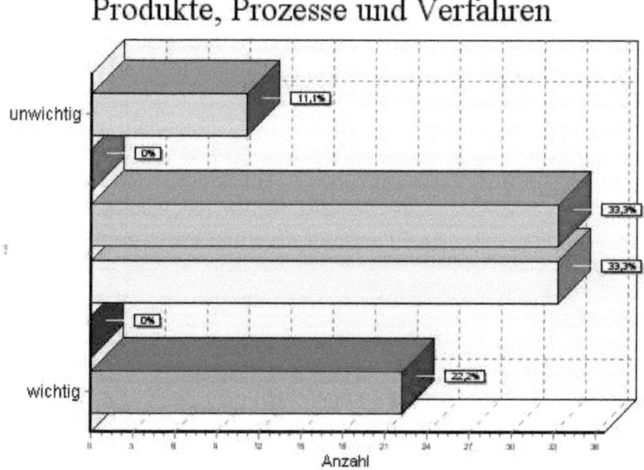

Abb. 6: Item Produkte, Prozesse und Verfahren

Dieser Wert ist entweder als wichtig oder durchschnittlich bewertet. Einer der Befragten bewertete diesen Wert sogar als gänzlich unwichtig. Die anderen Punkte dieses Bereiches sind so bewertet, wie man es auch am Einsatz der Service-Techniker in den Geschäftsprozessen ablesen kann. Die ‚Projektplanung' ist als eher unwichtig, die ‚Projektdurchführung und Auftragsbearbeitung' als wichtiger als die Planung und die ‚Projektkontrolle und Qualitätssicherung' als wiederum wichtiger bewertet. Der letzte Wert wird meiner Meinung nach als eher wichtig betrachtet, weil die Qualitätssicherung hier mit aufgeführt ist.

In der offenen Frage sind keine weiteren Fertigkeiten und Kenntnisse eingetragen.

4.3 Erforderliche Qualifikationen

Die folgende Tabelle gibt die Kenntnisse wider, die als wichtig bewertet sind. Für eine bessere Übersicht sind die Werte nach ihrem Mittelwert sortiert. Die Berechnung des Mittelwertes ist im Anhang A3 erläutert. Ich habe keinen Wert genommen, dessen Mittelwert drei oder unwichtiger ist. Ich denke als die wichtigsten Qualifikationen sind diejenigen Werte mit einem Mittelwert von 2,5 und kleiner anzusehen.

Item	Mittelwert
Serviceleistungen	1,22
Installieren und Konfigurieren	1,44
Instandhaltung	1,44
Teamarbeit	1,56
Systemkomponenten	1,75
Datenschutz und Urheberrecht	1,78
Montagetechnik	1,78
Netzwerke	1,88
Fähigkeit des Informierens und Kommunizierens	2,00
Datensicherheit, Hard- und Softwaretests	2,00
Anwendungssoftware	2,11
Berufsbildung, Arbeits- und Tarifrecht	2,11
Planen und Organisieren	2,22
Systemarchitektur, Hardware und Betriebssysteme	2,33
Sicherheit und Gesundheitsschutz bei der Arbeit	2,33
Systempflege	2,44
Umweltschutz	2,56
Einsatzfelder und Entwicklungstrends	2,63
Projektdurchführung und Auftragsbearbeitung	2,78
Projektkontrolle und Qualitätssicherung	2,89

Tab. 4: Erforderliche Qualifikationen

Aus der Beobachtung des Service-Technikers und dem dazugehörigen Gespräch bestätigen sich diese Qualifikationen. Besonders wichtig waren dabei die folgenden Punkte:

- Organisieren und Planen der Arbeit mit den Teamkollegen

- Kenntnis über Telefonnetze, -dienste und -geräte

- Umgang mit den Kunden

- Umgang mit den Messgeräten

4.4 Vergleich der Qualifikationen

Für den Vergleich möchte ich das während der BIBB-Studie entstandene Geschäftsfeld für den IT-Systemelektroniker auf Grundlage der Ausbildungsverordnung von der Internetseite www.e-berufe.de (Petersen 2008) verwenden. In diesem Geschäftsfeld sind die berufsübergreifenden Arbeits- und Handlungskompetenzen aus den Kernqualifikationen der IT-Berufe nicht im Einzelnen berücksichtigt. Trotzdem können die Inhalte der IT-Systemelektroniker Berufsausbildung und die erforderlichen Qualifikationen eines Service-Technikers zunächst an dieser Übersicht verglichen werden.

Geschäftsfeld	Arbeitsfelder	Handlungsfelder	Erforderliche Qualifikation
IT-Herstellung und -Dienstleistung	Informations- und telekommunikations-technische Produkte und Märkte (4)	Einsatzfelder und Entwicklungstrends (4.1)	Ja
		Systemarchitektur, Hardware und Betriebssysteme (4.2)	Ja
		Anwendungssoftware (4.3)	Ja
		Netze, Dienste (4.4)	
	Fachaufgaben im Einsatzgebiet (10)	Produkte, Prozesse und Verfahren (10.1)	
		Projektplanung (10.1 / 10.2)	
	Herstellen und Betreuen von Systemlösungen (5)	Ist-Analyse und Konzeption (5.1)	
		Programmiertechniken (5.2)	
		Installieren und Konfigurieren (5.3)	Ja
		Datenschutz und Urheberrecht (5.4)	Ja
		Systempflege (5.5)	Ja
	Systemtechnik (6)	Systemkomponenten (6.1)	Ja
		Ergonomische Geräteaufstellung (6.2)	
	Installation (7)	Montagetechnik (7.1)	Ja
		Stromversorgung, Schutzmaßnahmen (7.2)	
		Datensicherheit, Hard- und Softwaretests (7.3)	Ja
		Netzwerke (7.4)	Ja
	Fachaufgaben im Einsatzgebiet (10)	Projektdurchführung und Auftragsbearbeitung (10.3)	Ja
		Projektkontrolle, Qualitätssicherung (10.4)	Ja
	Serviceleistungen (8), Instandhaltung (9)	Serviceleistungen (8)	Ja
		Instandhaltung (9)	Ja

Tab. 5: Geschäftsfeld IT-Systemelektroniker und erforderliche Qualifikationen Service-Techniker

Wie anhand dieser Übersicht zu erkennen, bleiben sieben von 21 Handlungsfeldern offen. Jedes der offenen Handlungsfelder ist aber schon in der Auswertung des Fragebogens aufgefallen und diskutiert worden. Man kann also sagen, dass die Fachqualifikationen des IT-Systemelektronikers eine gute Grundlage für die Arbeit eines Service-Technikers bietet. Die noch fehlenden erforderlichen Qualifikationen des Service-Technikers sind durch die Kernqualifikationen, die jeder IT-Beruf enthält, abgedeckt. Die Punkte Teamarbeit, Fähigkeit des Informierens und Kommunizierens, Berufsbildung, Arbeits- und Tarifrecht, Planen und Organisieren, Sicherheit und Gesundheitsschutz bei der Arbeit sowie der Umweltschutz sind in den Kernqualifikationen des IT-Systemelektronikers enthalten.

Zuletzt wird nun noch das aus der Beobachtung entstandene Geschäftsfeld mit dem Geschäftsfeld des IT-Systemelektronikers verglichen.

Handlungsfelder aus Geschäftsfeld der e-berufe Internetseite	Handlungsfelder aus beobachtetem Geschäftsfeld		Handlungsfelder aus Geschäftsfeld der e-berufe Internetseite	Handlungsfelder aus beobachtetem Geschäftsfeld
Einsatzfelder und Entwicklungstrends (4.1)	Kundenauftrag		Systemkomponenten (6.1)	Montieren
Systemarchitektur, Hardware und Betriebssysteme (4.2)	Kundenauftrag		Ergonomische Geräteaufstellung (6.2)	Installieren
Anwendungssoftware (4.3)			Montagetechnik (7.1)	Installieren
Netze, Dienste (4.4)	Eintragen des Termins in die Verwaltungssoftware		Stromversorgung, Schutzmaßnahmen (7.2)	Installieren
Produkte, Prozesse und Verfahren (10.1)	Eintragen des Termins in die Verwaltungssoftware		Datensicherheit, Hard- und Softwaretests (7.3)	Installieren
Projektplanung (10.1 / 10.2)	Eintragen des Termins in die Verwaltungssoftware		Netzwerke (7.4)	Entstören
Ist-Analyse und Konzeption (5.1)	Verteilung der Aufträge		Projektdurchführung und Auftragsbearbeitung (10.3)	Entstören
Programmiertechniken (5.2)	Verteilung der Aufträge		Projektkontrolle, Qualitätssicherung (10.4)	Entstören
Installieren und Konfigurieren (5.3)	Verteilung der Aufträge		Serviceleistungen (8)	Informieren des Kunden
Datenschutz und Urheberrecht (5.4)	Verteilung der Aufträge		Instandhaltung (SyE 9)	Auftragsabschluss
Systempflege (5.5)	Verteilung der Aufträge			

Tab. 6: Vergleich der Handlungsfelder

Die Handlungsfelder der Hotline und des Vertriebes (gelb) passen nur bedingt zu den Handlungsfeldern des IT-Systemelektronikers. Die Handlungsfelder der Disposition (blau) sind schon einigermaßen abgedeckt, es finden jedoch noch Abweichungen z.B. bei den Programmiertechniken statt. Ein Facharbeiter in der Disposition muss sicherlich nie programmieren. Ansonsten passen die Handlungsfelder gut zueinander. Die roten und grünen Handlungsfelder des IT-Systemelektronikers passen gut zu den beobachteten Handlungsfeldern der Service-Techniker. In den Handlungsfeldern des Ausbildungsberufes kommen sicherlich mehr vor, als nötig und andererseits fehlen auch Spezialkenntnisse z.B. im Bereich der Handhabung der Messgeräte, doch insgesamt ist die Übereinstimmung schon recht gut.

5 Schlussbetrachtung

Die Qualifikationen des Service-Technikers der Deutschen Telekom AG konnten mithilfe der ausgewählten Methoden gut herausgefiltert werden. Durch die Beobachtung der Facharbeit des Service-Technikers und den Mitarbeitern in der Disposition konnte ein guter Einblick in die Geschäfts- und Arbeitsprozesse der T-Service gewonnen werden. Der Beobachtungsleitfragen hat dabei geholfen, strukturiert alle Informationen festzuhalten. Konnten einige Fragen des Leitfadens nicht allein durch die Beobachtung festgestellt werden, war es im Gespräch mit dem Facharbeiter leicht, die letzten Fragen zu klären.

Durch die schriftliche Befragung ergab sich ein weiterer Blickwinkel auf die Arbeit und weitere Qualifikationen konnten ermittelt werden. Bei der Erstellung des Fragebogens wäre eine Frage nach Weiterbildung angebracht gewesen. Dann wäre noch mehr Information zur erforderlichen Qualifikation eines Service-Technikers herausgekommen. Die Durchführung der Befragung ist sehr gut gelaufen, was vor allem an der täglichen Nachfrage nach den Fragebögen durch den Fragenden gelegen hat. Wären die Fragebögen verschickt worden, wäre die Rücklaufquote sicher geringer gewesen. Das ist der Vorteil einer solch klein angelegten Studie.

Letztendlich ergab sich mit der tabellarischen Darstellung aus den Befragungsergebnissen und der Auflistung aus den Beobachtungen ein Überblick über die erforderlichen Qualifikationen für einen Service-Techniker bei der Deutschen Telekom AG. Daraus lässt sich der Nachteil dieser kleinen Studie ableiten. Denn wäre die Studie größer angelegt, könnte die Aussage über die erforderlichen Qualifikationen verallgemeinert werden.

Die Ausbildung zum IT-Systemelektroniker konnte somit als eine sehr gute Grundlage für die Facharbeit des Service-Technikers festgehalten werden. Damit klärt sich die eingangs gestellte Frage nach dem Einsatzbereich des IT-Systemelektronikers.

Literaturverzeichnis

Becker, Matthias: Beobachtungsverfahren. In: Rauner, Felix (Hrsg.): Handbuch Berufsbildungsforschung. Bielefeld: Bertelsmann, 2005, S. 628 - 633

Computerwoche (Hrsg): Outsourcing: Mitarbeiter-Qualifikation entscheidet. 17.12.2007 URL: < http://www.computerwoche.de/knowledge_center/it_services/1850825/> (07.04.2008)

Diekmann, Andreas: Empirische Sozialforschung. Grundlange, Methoden, Anwendungen. Reinbek bei Hamburg: Rowohlt Taschenbuch Verlag, 2006 (15. Aufl.)

Friedrichs, Jürgen: Methoden empirischer Sozialforschung. Opladen: Westdeutscher Verlag GmbH, 1980 (14. Aufl.)

Haasler, Bernd: "BAG-Analyse" - Analyseverfahren zur Identifikation von Arbeits- und Lerninhalten für die Gestaltung beruflicher Bildung. Bremen: ITB, November 2003 (ITB - Forschungsberichte 10 / 2003)

Schemme, Dorothea: Geschäfts- und arbeitsprozessorientierte Berufsbildung (GAB). In: Rauner, Felix (Hrsg.): Handbuch Berufsbildungsforschung. Bielefeld: Bertelsmann, 2005, S. 524 – 532

Petersen, A. Willi; Wehmeyer, Carsten: Die neuen IT-Berufe auf dem Prüfstand – Eine bundesweite Studie im Auftrag des Bundesinstituts für Berufsbildung BiBB. Evaluation der neuen IT-Berufe Teilprojekt 2: Abschlussbericht. Flensburg: biat Universität Flensburg, 2003a

Petersen, A. Willi: Neue Lehr- und Lernwege für die neuen Elektroberufe 2003. Ein Projekt im Programm der Bund-Länder-Kommission für Bildungsplanung und Forschungsförderung "Innovative Fortbildung der Lehrer an beruflichen Schulen"; Link: GAHPA-Modell Flensburg: biat Universität Flensburg, 2003b URL: <www.elektroberufe-online.de> (07.04.2008)

Petersen, A. Willi (Hrsg.): Herausbildung und Genese der Berufe und Ausbildung im Berufsfeld Elektrotechnik / Informatik URL:<www.e-berufe.de> (07.04.2008)

Anhang

1. Beobachtungsleitfaden

<u>Angaben zum Betrieb:</u>

Anzahl der Beschäftigten in der Abteilung:___________

Anzahl der Beschäftigten im Betrieb:_______________

<u>Angaben zur beobachteten Person:</u>

Alter: _______________ Jahre

Ausbildung:____

Tätig im Betrieb seit: _______________ Jahren

Leitfragen (vgl. Haasler 2003, S. 12ff)	
In welche *Geschäfts- und Arbeitsprozesse* ist die Arbeitsaufgabe eingebunden?	
Wie werden Aufträge unter den Kollegen verteilt?	
Wie werden Aufträge angenommen?	
Wie werden Aufträge übergeben?	
An welchem *Arbeitsplatz* wird die Arbeitsaufgabe erledigt?	
Wo befindet sich der Arbeitsplatz?	
An welchen *Gegenständen* wird bei der konkreten Arbeitsaufgabe gearbeitet?	
Woran wird bei der Arbeitsaufgabe gearbeitet?	
Welche konkreten Arbeitsaufgaben hat der IT-Service-Techniker?	
Welche *Werkzeuge, Arbeitsmethoden und Organisationsformen* kommen zur Anwendung?	
Welche Werkzeuge, Arbeitsmethoden werden bei einer konkreten Arbeitsaufgabe verwendet?	
Wie wird dieses Werkzeug gehandhabt? Spezielle Kenntnisse erforderlich?	
Welche *Anforderungen* an die Facharbeit müssen dabei erfüllt werden?	
Wie ist die Herangehensweise an die Facharbeit? (Strukturiertes Arbeiten)	
Gibt es Informations- oder Hilfsplattformen für spezielle Aufgaben der Facharbeit?	
Welche *Schnittstellen* zu anderen beruflichen Arbeitsaufgaben sind vorhanden?	
Welche Hierarchien beeinflussen die Facharbeit?	
Wie ist die Arbeit organisiert? Einzel-, Gruppenarbeit oder Arbeitsteilung?	
Wie ist die Kooperation mit Kollegen bzw. Vorgesetzten?	
Welche Qualifikationen der Mitarbeiter wirken zusammen?	

2. Fragebogen

Fragen zur Arbeitsstudie

Im Rahmen meines Studiums führe ich eine Arbeitsstudie durch, welche die Tätigkeiten des Service-Technikers untersucht. Ich würde mich freuen, wenn Sie sich kurz Zeit nehmen, meinen Fragebogen zu beantworten. Die Befragung erfolgt anonym, es werden keine Daten an den Arbeitgeber weitergegeben, sondern nur für meine Studie verwendet.

Persönliche Angaben

Alter

A ☐ jünger als 25   C ☐ 31-35   E ☐ 41-45   G ☐ 51-55
B ☐ 26-30   D ☐ 36-40   F ☐ 46-50   H ☐ älter als 56

im Betrieb tätig seit

A ☐ 0-2 Jahre   B ☐ 3-5 Jahre   C ☐ 6-10 Jahre   D ☐ länger

Position im Betrieb

A ☐ Service-Techniker Außendienst   C ☐ Team- / Abteilungsleiter
B ☐ Service-Techniker Innendienst   D ☐ andere, nämlich:

Ausbildung / Abschluss als

A ☐ IT-Systemelektroniker
B ☐ IT-Fachinformatiker (Systemintegration)
C ☐ IT-Fachinformatiker (Anwendungsentwicklung)
D ☐ Ingenieur-Studium
E ☐ Anderes Studium, nämlich:
F ☐ Anderer Ausbildungsberuf, nämlich:

Bitte bewerten Sie, für wie wichtig Sie die folgenden Fertigkeiten und Kenntnisse zur Erledigung der Aufgaben des Service-Technikers halten.
Verstehen Sie einzelne Punkte nicht oder können keine Aussage dazu machen, lassen Sie den Punkt bitte aus.

Stellung, Rechtsform und Struktur des Betriebes

wichtig 1 2 3 4 5 6 unwichtig
☐ ☐ ☐ ☐ ☐ ☐

Berufsbildung, Arbeits- und Tarifrecht

wichtig 1 2 3 4 5 6 unwichtig
☐ ☐ ☐ ☐ ☐ ☐

Sicherheit und Gesundheitsschutz bei der Arbeit

wichtig 1 2 3 4 5 6 unwichtig
☐ ☐ ☐ ☐ ☐ ☐

Umweltschutz

wichtig 1 2 3 4 5 6 unwichtig
☐ ☐ ☐ ☐ ☐ ☐

Leistungserstellung und -verwertung

z.B. Wirtschaftlichkeit und Produktivität betrieblicher Leistungen beurteilen

wichtig 1 2 3 4 5 6 unwichtig
☐ ☐ ☐ ☐ ☐ ☐

betriebliche Organisation

z.B. die Zusammenarbeit zwischen den einzelnen Organisationseinheiten beschreiben, insbesondere Informationsflüsse und Entscheidungsprozesse darstellen

wichtig 1 2 3 4 5 6 unwichtig
☐ ☐ ☐ ☐ ☐ ☐

Beschaffung

Betrifft den gesamten Ablauf: Bedarf ermitteln, Produkte vergleichen, Angebote einholen und Bestellvorgänge planen und durchführen, sowie den Wareneingang prüfen

wichtig 1 2 3 4 5 6 unwichtig
☐ ☐ ☐ ☐ ☐ ☐

Markt- und Kundenbeziehungen

z.B. an Marktbeobachtungen sowie an Marketing- und Verkaufsförderungsmaßnahmen mitwirken

wichtig 1 2 3 4 5 6 unwichtig
☐ ☐ ☐ ☐ ☐ ☐

Kaufmännische Steuerung und Kontrolle

z.B. Kosten und Erträge für erbrachte Leistungen errechnen sowie im Zeitvergleich und im Soll-Ist-Vergleich bewerten

wichtig 1 2 3 4 5 6 unwichtig
☐ ☐ ☐ ☐ ☐ ☐

Fähigkeit des Informierens und Kommunizierens

wichtig 1 2 3 4 5 6 unwichtig
☐ ☐ ☐ ☐ ☐ ☐

Planen und Organisieren

wichtig 1 2 3 4 5 6 unwichtig
☐ ☐ ☐ ☐ ☐ ☐

Teamarbeit

wichtig 1 2 3 4 5 6 unwichtig
☐ ☐ ☐ ☐ ☐ ☐

Einsatzfelder und Entwicklungstrends

z.B. Technische Innovationen feststellen, Anwendungsmöglichkeiten für den Betrieb prüfen

wichtig 1 2 3 4 5 6 unwichtig
☐ ☐ ☐ ☐ ☐ ☐

Systemarchitektur, Hardware und Betriebssysteme

wichtig 1 2 3 4 5 6 unwichtig
☐ ☐ ☐ ☐ ☐ ☐

Anwendungssoftware

wichtig 1 2 3 4 5 6 unwichtig
       ☐ ☐ ☐ ☐ ☐ ☐

Netze, Dienste
z.B. Netzwerkbetriebssysteme nach Leistungsfähigkeit und Einsatzbereichen
beurteilen

wichtig 1 2 3 4 5 6 unwichtig
       ☐ ☐ ☐ ☐ ☐ ☐

IST-Analyse und Konzeption
z.B. Hard- und Softwarekomponenten auswählen sowie Lösungsvarianten
entwickeln und beurteilen

wichtig 1 2 3 4 5 6 unwichtig
       ☐ ☐ ☐ ☐ ☐ ☐

Programmiertechniken

wichtig 1 2 3 4 5 6 unwichtig
       ☐ ☐ ☐ ☐ ☐ ☐

Installieren und Konfigurieren

wichtig 1 2 3 4 5 6 unwichtig
       ☐ ☐ ☐ ☐ ☐ ☐

Datenschutz und Urheberrecht

wichtig 1 2 3 4 5 6 unwichtig
       ☐ ☐ ☐ ☐ ☐ ☐

Systempflege

wichtig 1 2 3 4 5 6 unwichtig
       ☐ ☐ ☐ ☐ ☐ ☐

Systemkomponenten
z.B. Kundenspezifische Modifikationen, Leitungen konfektionieren sowie
Komponenten verbinden, Baugruppen hard- und softwaremäßig einstellen

wichtig 1 2 3 4 5 6 unwichtig
       ☐ ☐ ☐ ☐ ☐ ☐

ergonomische Geräteaufstellung

wichtig 1 2 3 4 5 6 unwichtig
       ☐ ☐ ☐ ☐ ☐ ☐

Montagetechnik

wichtig 1 2 3 4 5 6 unwichtig
       ☐ ☐ ☐ ☐ ☐ ☐

Stromversorgung, Schutzmaßnahmen

wichtig 1 2 3 4 5 6 unwichtig
       ☐ ☐ ☐ ☐ ☐ ☐

Datensicherheit, Hard- und Softwaretests

wichtig 1 2 3 4 5 6 unwichtig
       ☐ ☐ ☐ ☐ ☐ ☐

Netzwerke
z.B. drahtgebundene Übertragungssysteme installlieren, in Betrieb nehmen
und prüfen, insbesondere Netzwerkkomponenten aufstellen und
programmieren

wichtig 1 2 3 4 5 6 unwichtig
       ☐ ☐ ☐ ☐ ☐ ☐

Serviceleistungen

wichtig 1 2 3 4 5 6 unwichtig
       ☐ ☐ ☐ ☐ ☐ ☐

Instandhaltung

wichtig 1 2 3 4 5 6 unwichtig
       ☐ ☐ ☐ ☐ ☐ ☐

Produkte, Prozesse und Verfahren
z.B. Informationswege, -stukturen und -Verarbeitung sowie Schnittstellen
zwischen verschiedenen Funktiosbereichen des Einsatzgebietes analysieren

wichtig 1 2 3 4 5 6 unwichtig
       ☐ ☐ ☐ ☐ ☐ ☐

Projektplanung

wichtig 1 2 3 4 5 6 unwichtig
       ☐ ☐ ☐ ☐ ☐ ☐

Projektdurchführung und Auftragsbearbeitung

wichtig 1 2 3 4 5 6 unwichtig
       ☐ ☐ ☐ ☐ ☐ ☐

Projektkontrolle und Qualitätssicherung

wichtig 1 2 3 4 5 6 unwichtig
       ☐ ☐ ☐ ☐ ☐ ☐

weitere Fähigkeiten und Kenntnisse, die erforderlich sind

____

____

____

Vielen Dank, dass Sie sich die Zeit genommen haben, meine Fragen zu beantworten.

3. Grundauswertung Fragebögen

Persönliche Daten
1) Alter

```
                                jünger als 25      3   (33,33%)
                                       26-30       2   (22,22%)
                                       31-35       0    (0,00%)
                                       36-40       3   (33,33%)
                                       41-45       1   (11,11%)
                                       46-50       0    (0,00%)
                                       51-55       0    (0,00%)
                                 älter als 56       0    (0,00%)

        Nennungen (Mehrfachwahl möglich!)          9
                        geantwortet haben          9
                              ohne Antwort         0
```

2) im Betrieb tätig seit

```
                                  0-2 Jahre        1   (11,11%)
                                  3-5 Jahre        2   (22,22%)
                                 6-10 Jahre        2   (22,22%)
                                     länger        4   (44,44%)

        Nennungen (Mehrfachwahl möglich!)          9
                        geantwortet haben          9
                              ohne Antwort         0
```

3) Position im Betrieb

```
                  Service-Techniker Außendienst    8   (88,89%)
                  Service-Techniker Innendienst    0    (0,00%)
                     Team- / Abteilungsleiter      1   (11,11%)
                          andere, nämlich:         0    (0,00%)

        Nennungen (Mehrfachwahl möglich!)          9
                        geantwortet haben          9
                              ohne Antwort         0
```

4) Ausbildung / Abschluss als

```
                         IT-Systemelektroniker     5   (55,56%)
             IT-Fachinformatiker (Systemintegration)  0  (0,00%)
          IT-Fachinformatiker (Anwendungsentwicklung) 0  (0,00%)
                            Ingenieur-Studium      0    (0,00%)
                    Anderes Studium, nämlich:      0    (0,00%)
            Anderer Ausbildungsberuf, nämlich:     4   (44,44%)

        Nennungen (Mehrfachwahl möglich!)          9
                        geantwortet haben          9
                              ohne Antwort         0
```

```
        Textantworten:
-               Fernmeldehandwerker / Industriemeister
-               Fernmeldehandwerker (2 x)
-               Kommunikationselektroniker
```

Erläuterung: Berechnung des Mittelwertes
Wichtig = 1, Unwichtig = 6

```
MW = ((Anzahl der Antworten * Wichig=1) +
(Anzahl der Antworten * 2) +
(Anzahl der Antworten * 3) +
(Anzahl der Antworten * 4) +
```

```
(Anzahl der Antworten * 5) +
(Anzahl der Antworten * Unwichig=6) )/ Alle Antworten
```

Der Ausbildungsbetrieb
5) Stellung, Rechtsform und Struktur des Betriebes

wichtig	0	(0,00%)
	0	(0,00%)
	4	(57,14%)
	2	(28,57%)
	0	(0,00%)
unwichtig	1	(14,29%)

Summe	7
ohne Antwort	2
Mittelwert	3,71
Median	3

6) Berufsbildung, Arbeits- und Tarifrecht

wichtig	1	(11,11%)
	6	(66,67%)
	2	(22,22%)
	0	(0,00%)
	0	(0,00%)
unwichtig	0	(0,00%)

Summe	9
ohne Antwort	0
Mittelwert	2,11
Median	2

7) Sicherheit und Gesundheitsschutz bei der Arbeit

wichtig	3	(33,33%)
	3	(33,33%)
	1	(11,11%)
	1	(11,11%)
	1	(11,11%)
unwichtig	0	(0,00%)

Summe	9
ohne Antwort	0
Mittelwert	2,33
Median	2

8) Umweltschutz

wichtig	1	(11,11%)
	3	(33,33%)
	4	(44,44%)
	1	(11,11%)
	0	(0,00%)
unwichtig	0	(0,00%)

Summe	9
ohne Antwort	0
Mittelwert	2,56
Median	3

Geschäfts- und Leistungsprozesse

9) Leistungserstellung und –verwertung
z.B. Wirtschaftlichkeit und Produktivität betrieblicher Leistungen beurteilen

	wichtig	1	(11,11%)
		1	(11,11%)
		5	(55,56%)
		1	(11,11%)
		1	(11,11%)
	unwichtig	0	(0,00%)

Summe	9
ohne Antwort	0
Mittelwert	3
Median	3

10) betriebliche Organisation
z.B. die Zusammenarbeit zwischen den einzelnen Organisationseinheiten beschreiben, insbesondere Informationsflüsse und Entscheidungsprozesse darstellen

	wichtig	0	(0,00%)
		3	(33,33%)
		4	(44,44%)
		1	(11,11%)
		1	(11,11%)
	unwichtig	0	(0,00%)

Summe	9
ohne Antwort	0
Mittelwert	3
Median	3

11) Beschaffung
Betrifft den gesamten Ablauf: Bedarf ermitteln, Produkte vergleichen, Angebote einholen und Bestellvorgänge planen und durchführen, sowie den Wareneingang prüfen

	wichtig	0	(0,00%)
		2	(25,00%)
		2	(25,00%)
		3	(37,50%)
		1	(12,50%)
	unwichtig	0	(0,00%)

Summe	8
ohne Antwort	1
Mittelwert	3,38
Median	3

12) Markt- und Kundenbeziehungen
z.B. an Marktbeobachtungen sowie an Marketing- und Verkaufsförderungsmaßnahmen mitwirken

	wichtig	0	(0,00%)
		2	(28,57%)
		2	(28,57%)
		2	(28,57%)
		1	(14,29%)
	unwichtig	0	(0,00%)

Summe	7
ohne Antwort	2
Mittelwert	3,29
Median	3

13) Kaufmännische Steuerung und Kontrolle
z.B. Kosten und Erträge für erbrachte Leistungen errechnen sowie im Zeitvergleich und im

Soll-Ist-Vergleich bewerten

wichtig	0	(0,00%)
	1	(14,29%)
	2	(28,57%)
	1	(14,29%)
	2	(28,57%)
unwichtig	1	(14,29%)
Summe	7	
ohne Antwort	2	
Mittelwert	4	
Median	4	

Arbeitsorganisation und Arbeitstechinken

14) Fähigkeit des Informierens und Kommunizierens

wichtig	2	(22,22%)
	5	(55,56%)
	2	(22,22%)
	0	(0,00%)
	0	(0,00%)
unwichtig	0	(0,00%)
Summe	9	
ohne Antwort	0	
Mittelwert	2	
Median	2	

15) Planen und Organisieren

wichtig	2	(22,22%)
	4	(44,44%)
	2	(22,22%)
	1	(11,11%)
	0	(0,00%)
unwichtig	0	(0,00%)
Summe	9	
ohne Antwort	0	
Mittelwert	2,22	
Median	2	

16) Teamarbeit

wichtig	6	(66,67%)
	1	(11,11%)
	2	(22,22%)
	0	(0,00%)
	0	(0,00%)
unwichtig	0	(0,00%)
Summe	9	
ohne Antwort	0	
Mittelwert	1,56	
Median	1	

Informations- und telekommunikationstechnische Produkte und Märkte

17) Einsatzfelder und Entwicklungstrends

z.B. Technische Innovationen feststellen, Anwendungsmöglichkeiten für den Betrieb prüfen

wichtig	0	(0,00%)
	6	(75,00%)
	0	(0,00%)
	1	(12,50%)
	1	(12,50%)
unwichtig	0	(0,00%)
Summe	8	
ohne Antwort	1	
Mittelwert	2,63	

| | Median | 2 | |

18) Systemarchitektur, Hardware und Betriebssysteme

	wichtig	2	(22,22%)
		2	(22,22%)
		5	(55,56%)
		0	(0,00%)
		0	(0,00%)
	unwichtig	0	(0,00%)

	Summe	9
	ohne Antwort	0
	Mittelwert	2,33
	Median	3

19) Anwendungssoftware

	wichtig	2	(22,22%)
		5	(55,56%)
		1	(11,11%)
		1	(11,11%)
		0	(0,00%)
	unwichtig	0	(0,00%)

	Summe	9
	ohne Antwort	0
	Mittelwert	2,11
	Median	2

20) Netze, Dienste
z.B. Netzwerkbetriebssysteme nach Leistungsfähigkeit und Einsatzbereichen beurteilen

	wichtig	0	(0,00%)
		1	(12,50%)
		4	(50,00%)
		1	(12,50%)
		2	(25,00%)
	unwichtig	0	(0,00%)

	Summe	8
	ohne Antwort	1
	Mittelwert	3,5
	Median	3

Herstellen und Betreuen von Systemlösungen
21) IST-Analyse und Konzeption
z.B. Hard- und Softwarekomponenten auswählen sowie Lösungsvarianten entwickeln und beurteilen

	wichtig	1	(11,11%)
		3	(33,33%)
		2	(22,22%)
		1	(11,11%)
		0	(0,00%)
	unwichtig	2	(22,22%)

	Summe	9
	ohne Antwort	0
	Mittelwert	3,22
	Median	3

22) Programmiertechniken

wichtig	0	(0,00%)
	0	(0,00%)
	3	(33,33%)
	2	(22,22%)
	1	(11,11%)
unwichtig	3	(33,33%)
Summe	9	
ohne Antwort	0	
Mittelwert	4,44	
Median	4	

23) Installieren und Konfigurieren

wichtig	5	(55,56%)
	4	(44,44%)
	0	(0,00%)
	0	(0,00%)
	0	(0,00%)
unwichtig	0	(0,00%)
Summe	9	
ohne Antwort	0	
Mittelwert	1,44	
Median	1	

24) Datenschutz und Urheberrecht

wichtig	6	(66,67%)
	1	(11,11%)
	1	(11,11%)
	0	(0,00%)
	1	(11,11%)
unwichtig	0	(0,00%)
Summe	9	
ohne Antwort	0	
Mittelwert	1,78	
Median	1	

25) Systempflege

wichtig	1	(11,11%)
	5	(55,56%)
	1	(11,11%)
	2	(22,22%)
	0	(0,00%)
unwichtig	0	(0,00%)
Summe	9	
ohne Antwort	0	
Mittelwert	2,44	
Median	2	

Systemtechnik
26) Systemkomponenten
z.B. Kundenspezifische Modifikationen, Leitungen konfektionieren sowie Komponenten verbinden, Baugruppen hard- und softwaremäßig einstellen

wichtig	4	(50,00%)
	2	(25,00%)
	2	(25,00%)
	0	(0,00%)
	0	(0,00%)

	unwichtig	0	(0,00%)
	Summe	8	
	ohne Antwort	1	
	Mittelwert	1,75	
	Median	1	

27) ergonomische Geräteaufstellung

	wichtig	2	(22,22%)
		2	(22,22%)
		2	(22,22%)
		1	(11,11%)
		1	(11,11%)
	unwichtig	1	(11,11%)
	Summe	9	
	ohne Antwort	0	
	Mittelwert	3	
	Median	3	

Installation
28) Montagetechnik

	wichtig	5	(55,56%)
		2	(22,22%)
		1	(11,11%)
		1	(11,11%)
		0	(0,00%)
	unwichtig	0	(0,00%)
	Summe	9	
	ohne Antwort	0	
	Mittelwert	1,78	
	Median	1	

29) Stromversorgung, Schutzmaßnahmen

	wichtig	1	(11,11%)
		1	(11,11%)
		4	(44,44%)
		1	(11,11%)
		2	(22,22%)
	unwichtig	0	(0,00%)
	Summe	9	
	ohne Antwort	0	
	Mittelwert	3,22	
	Median	3	

30) Datensicherheit, Hard- und Softwaretests

	wichtig	2	(25,00%)
		4	(50,00%)
		2	(25,00%)
		0	(0,00%)
		0	(0,00%)
	unwichtig	0	(0,00%)
	Summe	8	
	ohne Antwort	1	
	Mittelwert	2	
	Median	2	

31) Netzwerke
z.B. drahtgebundene Übertragungssysteme installlieren, in Betrieb nehmen und prüfen,

insbesondere Netzwerkkomponenten aufstellen und programmieren

	wichtig	3	(37,50%)
		3	(37,50%)
		2	(25,00%)
		0	(0,00%)
		0	(0,00%)
	unwichtig	0	(0,00%)
	Summe	8	
	ohne Antwort	1	
	Mittelwert	1,88	
	Median	2	

32) Serviceleistungen

	wichtig	7	(77,78%)
		2	(22,22%)
		0	(0,00%)
		0	(0,00%)
		0	(0,00%)
	unwichtig	0	(0,00%)
	Summe	9	
	ohne Antwort	0	
	Mittelwert	1,22	
	Median	1	

33) Instandhaltung

	wichtig	5	(55,56%)
		4	(44,44%)
		0	(0,00%)
		0	(0,00%)
		0	(0,00%)
	unwichtig	0	(0,00%)
	Summe	9	
	ohne Antwort	0	
	Mittelwert	1,44	
	Median	1	

Fachaufgaben im Einsatzgebiet
34) Produkte, Prozesse und Verfahren
z.B. Informationswege, -stukturen und -Verarbeitung sowie Schnittstellen zwischen verschiedenen Funktiosbereichen des Einsatzgebietes analysieren

	wichtig	2	(22,22%)
		0	(0,00%)
		3	(33,33%)
		3	(33,33%)
		0	(0,00%)
	unwichtig	1	(11,11%)
	Summe	9	
	ohne Antwort	0	
	Mittelwert	3,22	
	Median	3	

35) Projektplanung

	wichtig	0	(0,00%)
		3	(33,33%)
		1	(11,11%)
		2	(22,22%)
		1	(11,11%)

unwichtig	2	(22,22%)
Summe	9	
ohne Antwort	0	
Mittelwert	3,78	
Median	4	

36) Projektdurchführung und Auftragsbearbeitung

wichtig	1	(11,11%)
	4	(44,44%)
	2	(22,22%)
	1	(11,11%)
	0	(0,00%)
unwichtig	1	(11,11%)
Summe	9	
ohne Antwort	0	
Mittelwert	2,78	
Median	2	

37) Projektkontrolle und Qualitätssicherung

wichtig	1	(11,11%)
	4	(44,44%)
	2	(22,22%)
	0	(0,00%)
	1	(11,11%)
unwichtig	1	(11,11%)
Summe	9	
ohne Antwort	0	
Mittelwert	2,89	
Median	2